BEI GRIN MACHT SICH IHR WISSEN BEZAHLT

- Wir veröffentlichen Ihre Hausarbeit, Bachelor- und Masterarbeit
- Ihr eigenes eBook und Buch - weltweit in allen wichtigen Shops
- Verdienen Sie an jedem Verkauf

Jetzt bei www.GRIN.com hochladen und kostenlos publizieren

Daniel Dlouhy

Tsunamis. Ursachen, Auswirkungen und Vorsorgemaßnahmen

GRIN Verlag

Bibliografische Information der Deutschen Nationalbibliothek:

Die Deutsche Bibliothek verzeichnet diese Publikation in der Deutschen Nationalbibliografie; detaillierte bibliografische Daten sind im Internet über http://dnb.d-nb.de/ abrufbar.

Dieses Werk sowie alle darin enthaltenen einzelnen Beiträge und Abbildungen sind urheberrechtlich geschützt. Jede Verwertung, die nicht ausdrücklich vom Urheberrechtsschutz zugelassen ist, bedarf der vorherigen Zustimmung des Verlages. Das gilt insbesondere für Vervielfältigungen, Bearbeitungen, Übersetzungen, Mikroverfilmungen, Auswertungen durch Datenbanken und für die Einspeicherung und Verarbeitung in elektronische Systeme. Alle Rechte, auch die des auszugsweisen Nachdrucks, der fotomechanischen Wiedergabe (einschließlich Mikrokopie) sowie der Auswertung durch Datenbanken oder ähnliche Einrichtungen, vorbehalten.

Impressum:

Copyright © 2006 GRIN Verlag GmbH
Druck und Bindung: Books on Demand GmbH, Norderstedt Germany
ISBN: 978-3-640-25356-2

Dieses Buch bei GRIN:

http://www.grin.com/de/e-book/120150/tsunamis-ursachen-auswirkungen-und-vorsorgemassnahmen

GRIN - Your knowledge has value

Der GRIN Verlag publiziert seit 1998 wissenschaftliche Arbeiten von Studenten, Hochschullehrern und anderen Akademikern als eBook und gedrucktes Buch. Die Verlagswebsite www.grin.com ist die ideale Plattform zur Veröffentlichung von Hausarbeiten, Abschlussarbeiten, wissenschaftlichen Aufsätzen, Dissertationen und Fachbüchern.

Besuchen Sie uns im Internet:

http://www.grin.com/

http://www.facebook.com/grincom

http://www.twitter.com/grin_com

Inhaltsverzeichnis

1. Einleitung / Definition 3

2. Geophysikalische Grundlagen eines Tsunamis 4
   2.1 Physikalische Eigenschaften von Wellenbewegungen 4
   2.2 Entstehungsformen von Tsunamis 7
      2.2.1 Erdbeben 7
      2.2.2 Vulkanismus 8
      2.2.3 Hangrutsche 8
      2.2.4 Meteoriteneinschlag 8
   2.3 Von Tsunamis besonders gefährdete Gebiete 9

3. Große Tsunamis der jüngeren Geschichte 10
   3.1 Nach dem Erdbeben vor der Westküste Lissabons 1755 10
   3.2 Nach dem Vulkanausbruch auf Krakatau 1885 10
   3.3 Nach dem Erdbeben im Indischen Ozean 2004 11

4. Auswirkungen von Tsunamis 15
   4.1 Auf das litorale Ökosystem 15
   4.2 Auf das maritime Ökosystem 16

5. Vorsorge gegenüber Tsunamis 18
   5.1 Einsatz und Ausbau von Frühwarnsystemen 18
      5.1.1 PTWC 18
      5.1.2 TEWS 20
   5.2 Schutzmaßnahmen zur Katastrophenabwendung 21
      5.2.1 Aufbau von Betonmauern 21
      5.2.2 Aufforstung von Schutzwaldstreifen 22
      5.2.3 Errichtung künstlicher Wellenbrecher 22
      5.2.4 Städtebauliche Maßnahmen 23

6. Katastrophenmanagement und Katastrophenbewältigung 24

7. Fazit / Anthropogene Einflüsse 26

Quellenangaben 27

1. Einleitung / Definition

Tsunamis gelten schon seit Menschengedenken als eines der gewaltigsten Naturphänomene, das schlimmste, humanitäre Katastrophen zufolge haben kann. Häufig jedoch laufen sie unbemerkt im Meer aus oder enden an den Ufern nur noch als kleine harmlose Wellen. Der Begriff Tsunami stammt aus dem Japanischen und setzt sich aus zwei Wörtern zusammen, nämlich „Tsu" = „Hafen" und „Nami" = „Welle", demnach also „Hafenwelle" (Müller 2000). Benannt wurden die Wellen von japanischen Fischern, welche bei ihrer Rückkehr ans Land nur noch ein zerstörtes Dorf vorgefunden haben. Wie auch der Tsunami in Südost Asien vom 24. Dezember 2004 unter Beweis stellte, steckt hinter dieser eher harmlos erscheinenden Bezeichnung, die wohl für die Küstenregionen gefährlichste Naturkatastrophe überhaupt. Hierbei wurden aufgrund geringer Aufklärung und mangelnder Frühwarnsysteme, Tausende von Menschen durch die Fluten eines Tunamis getötet, ganze Küstenstreifen verwüstet und es entstand ein materieller Schaden in Milliardenhöhe. Dieses Ereignis erweckte enormes Aufsehen in der Öffentlichkeit, was die größte Hilfsaktion der Geschichte als Folge hatte. Letztlich prägte sich somit auch das Ausmaß der Zerstörung eines Tsunamis in das Bewusstsein der Menschen ein, sorgte für Aufklärung und förderte die Ausbreitung und Ausreifung von Frühwarnsystemen und Schutzmaßnahmen.

Folgende Arbeit soll nun erklären, wie ein Tsunami entsteht, welche Folgen er für Mensch und Natur hat und wie er rechtzeitig erkannt wird beziehungsweise wie man sich vor ihm schützen kann.

2. Geophysikalische Grundlagen eines Tsunamis

Unter diesem Punkt werden physikalische Eigenschaften von Wellen, die Entstehung von Tsunamis sowie ihr vermehrtes Vorkommen in bestimmten Gebieten näher erläutert. Dadurch werden einige Grundlagen geschaffen, die für das spätere Verständnis von Nöten sind.

2.1 Physikalische Eigenschaften von Wellenbewegungen

Im Allgemeinen spricht man bei Wellen von einer Wellenlänge λ (= Entfernung zwischen zwei Wellenscheiteln), einer Wellenfrequenz oder Wellenperiode P (= die Zeitdauer einer Welle von einem Punkt A zu einem Punkt B), einer Wellenhöhe h (= der Höhenunterschied zwischen Wellenscheitel und Wellental) und Wellenamplitude (= Abstand zwischen Wellenscheitel und Wellenmitte).

Aus diesen Größen kann nun zum Beispiel die Wellengeschwindigkeit v von Tiefwasserwellen mittels der Formel v = λ/P errechnet werden. Außerdem geben sie gut ersichtlich (siehe Abb. 1) den sinusförmigen Charakter von Wellen wieder (Maier 2005).

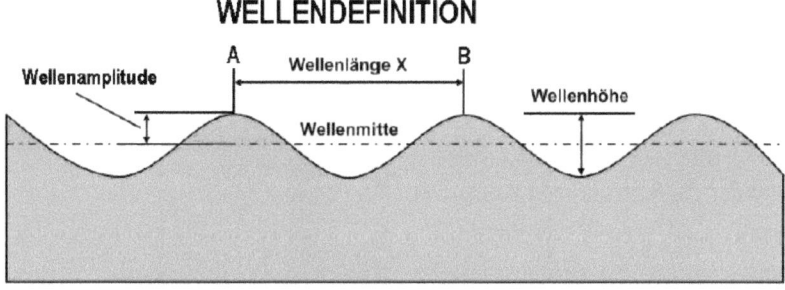

Abb. 1: Definition einer Welle (Maier 2005)

Bei Wasserwellen beschreiben die Wasserteilchen an Ort und Stelle kreisförmige Bahnen (Orbitalbahnen), deren Durchmesser aufgrund der Reibung zur Tiefe hin immer kleiner wird. Dieser Effekt bewirkt, dass die Wellenbewegung nach unten hin schwächer wird. Bei einer Tiefe, die etwa der halben Wellenlänge entspricht, ist die Wellenbewegung nahezu unmerklich. Man kann bei Wasserwellen zwischen Tiefenwasserwellen und Flachwasserwellen unterscheiden. Als Tiefenwasserwellen bezeichnet man Wellen, deren Wellenbewegung den Meeresgrund nicht mehr berührt und ihre volle Wirkung nur oberflächig entfaltet, wie zum Beispiel bei Sturmwellen auf hoher See. Diese entstehen durch die Reibung von Wind (z. B. Orkanen, Taifunen, …) auf der Wasseroberfläche. Dabei ist die Höhe der Wellen abhängig von der Windstärke, der Windrichtung, Winddauer und der Einwirkstrecke (*Fetch*). Sturmwellen können Höhen von über 10m erreichen und eine Wellenlänge von mehreren hundert Metern. Sie erreichen Geschwindigkeiten von bis zu 90 km/h (Kelletat 1989). Flachwasserwellen, zu denen auch Tsunamis gehören, wirken durch die gesamte Wassersäule, das heißt die Wellenbewegung hat ständigen Bodenkontakt. Tsunamis entstehen im Gegensatz zu Sturmwellen ohne Windeinfluss, nämlich durch eine Verdrängung des Wassers, die verschiedene Ursachen haben kann. Während Sturmwellen über einen „längeren" Zeitraum hinweg entstehen, entwickeln sich Tsunamis ohne lange Vorzeit eher plötzlich. Aufgrund ihrer großen Wellenlänge von bis zu mehreren Hundert Kilometern und einer Wellenfrequenz zwischen 15 und 45 Minuten, werden sie auch als langperiodische Wellen bezeichnet (Gierloff - Emden 1980). Die enorme Wellenlänge ist auch die Ursache dafür, dass die Wellenbewegung bis hin zum Meeresboden ausreicht, da auch hier das Prinzip „Tiefgang gleich halbe Wellenlänge" (Lausch 1997, S.82) zu trifft.

Tsunamis breiten sich im Wasser ringförmig aus – vergleichbar mit den Wellen eines ins Wasser gefallenen Steins. Jedoch ist auch die Meeresbodenbeschaffenheit für die Richtung der Wogen verantwortlich. So können zum Beispiel Unterwassergebirge den Verlauf der Wellen beeinflussen beziehungsweise umlenken. Die Wellenhöhe auf dem offenen Meer beträgt oftmals weniger als einen Meter, während sich die Wellen je nach Meeresboden und Buchtenform (siehe Abb. 2) an den Küsten bis zu 50 Meter aufbäumen können (Lausch 1997). Trichterbuchten werden dabei am schlimmsten getroffen,

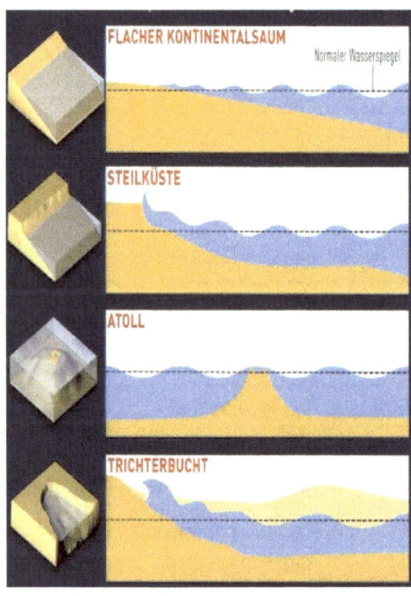

Abb. 2: Verschiedene Küstentypen
(Lausch 2005)

da die spitz zulaufende, flach ansteigende Bucht, die Wassermassen in die Höhe zwingt. Flache Kontinentalsaume und Steilküsten werden von hohen Flutwellen dagegen nur gering getroffen, da sich die Energie entweder über eine große, langsam ansteigende Strecke verläuft oder durch einen Aufschlag an Klippen verbraucht wird. Atolle müssen zwar nicht mit hohen Küstenwellen rechnen, trotzdem besteht große Gefahr, da sie von Tsunamis regelrecht verschluckt werden können (Lausch 2005).

Mit Geschwindigkeiten von mehr als 800 km/h bewältigen sie Strecken über tausende von Kilometern in einem Zeitraum von mehreren Stunden. Hierbei ist die Geschwindigkeit abhängig von der Tiefe des Wassers und steigt mit deren Zunahme (siehe Abb. 3). Sie lässt sich wie folgt berechnen: $u = \sqrt{g*h}$ (u = Geschwindigkeit; g = Erdbeschleunigung; h = Wassertiefe).

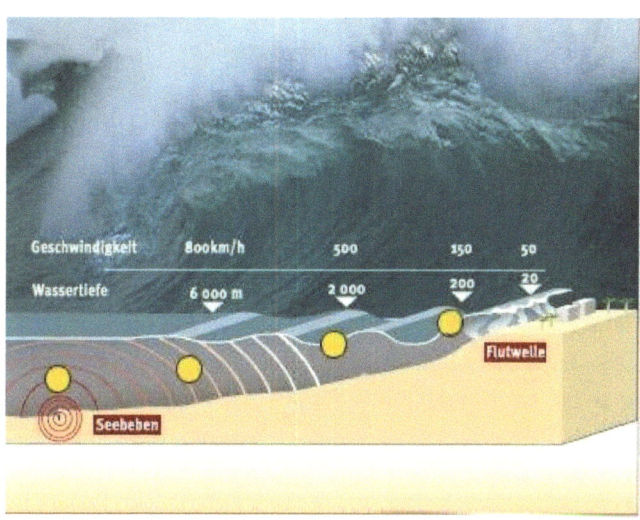

Abb. 3: Wellengeschwindigkeit im Zusammenhang mit der Wassertiefe
(www.wdr.de/themen/homepages/die_flutkatastrophe)

Die Bodenberührung bremst die Welle ab. Somit kann die theoretische Höchstgeschwindigkeit nie erreicht werden (Maier 2005). Vor der Erfindung von Lotsystemen wurde im 19. Jahrhundert die Geschwindigkeit von Tsunamiwellen dafür genutzt, um die Wassertiefe der Ozeane zu bestimmen. Die daraus errechneten Werte stimmten bis auf Abweichungen von wenigen hundert Metern mit den heutigen Kenntnissen überein (Lausch 1997).

2.2 Entstehungsformen von Tsunamis

Tsunamis entstehen meistens aufgrund unterschiedlicher geologischer Prozesse. Außerdem können auch kosmische Faktoren eine Rolle spielen. Letztendlich ist die Ursache eines Tsunamis immer eine Form der Wasserverdrängung durch Energie aus dem Erdinneren oder durch Einflüsse von äußeren Faktoren auf den Wasserkörper. Nachfolgend werden vier mögliche Entstehungsformen kurz erläutert.

2.2.1. Erdbeben

Die mit Abstand häufigste Ursache für die Entstehung von Tsunamis sind so genannte Seebeben, wie Erdbeben unter Wasser oft auch bezeichnet werden. Seebeben können verschiedene Gründe haben, die meisten Tsunamis jedoch entwickeln sich an Subduktionszonen, die bei der Kollision von zwei Ozeanplatten oder einer Kontinentalplatte mit einer Ozeanplatte entstehen. Hierbei taucht eine Platte unter die andere. Durch Verkeilungen und Blockaden von Gesteinsmaterial bauen sich Spannungen auf. Die aufgestaute Energie entlädt sich dann ruckartig, was einen vertikalen Versatz des Bodens zufolge haben kann (siehe Abb. 4). Das heißt der ozeanische Boden wird plötzlich gehoben oder gesenkt. Dadurch werden enorme Wassermassen verdrängt, an welche die freigesetzte Energie weitergegeben wird und sich in Form einer Welle ausbreitet. Die Stärke des Bebens spielt bei dem Auslösen eines Tsunamis eine wichtige Rolle. Sie ist auch neben Herdtiefe und Bruchvorgang einer der Parameter, die für die Wellenhöhe auf dem Meer verantwortlich ist (Allmann & Smolka 2005). Ein Beben der Stärke 7,0 auf der Richterskala reicht meistens schon aus um einen Tsunami auszulösen. Bei Werten darunter, ist ein Auslösen eher unwahrscheinlich, was natürlich stark von der Lage des Epizentrums abhängig ist (Lausch 2005).

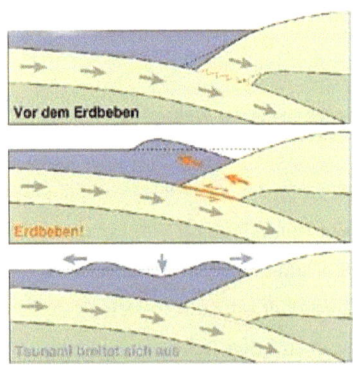

Abb. 4: Entstehung eines Tsunamis durch ein Seebeben
(www.bmbf.de/de/4840.php)

2.2.2 Vulkanismus

Vulkanismus stellt die zweitgrößte Gefahr dar, die eine Ursache für einen Tsunami sein kann. Aktive Vulkane schleudern bei starken Eruptionen genug Gesteinsmaterial ins Wasser um eine Flutwelle auslösen zu können. Auch große Lavaströme, die ins Wasser fließen, können ein Grund dafür sein. Mit einem Vulkanausbruch einhergehende Erdbeben, ins Wasserrutschende Vulkanflanken oder auch von einer Explosion ausgehende Druckwellen sind weitere Gründe dafür, das Wasser in Form von Tsunamis in Bewegung zu bringen. Vulkane über der Wasseroberfläche sowie Unterwasservulkane stellen unter genannten Aspekten eine starke Bedrohung für nahe gelegene Küstengebiete dar (Maier 2005).

2.2.3 Hangrutsche

Ein weiterer Punkt der Wasserverdrängung sind Erdrutsche oder Erdlawinen. Zum einen können sie durch Abrutschen von Hängen ins Wasser zum anderen auch durch Hangabgänge von Sedimenten oder Gesteinsmaterial unter Wasser Tsunamis auslösen. Bei letzterem wird das darüber liegende Wasser nach unten gesogen und breitet sich in Form von gigantischen Wellen über den Ozean aus (siehe Abb. 5 und 6). Ursachen dafür können Erdbeben, Vulkanismus oder auch anthropogener Natur sein (Maier 2005).

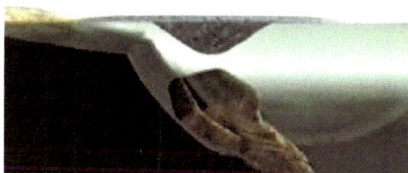

Abb. 5: Wassersog; ausgelöst durch einen Hangrutsch unter Wasser
(www.zdf.de/inhalt/9/0.1872.2029481.00.htm)

Abb. 6: Ausbreitung der Wellen
(www.zdf.de/inhalt/9/0.1872.2029481.00.htm)

2.2.4 Meteoriteneinschlag

Kosmische Einflüsse auf das Meer, werden von Meteoriten verkörpert, welche seit Beginn der Erdgeschichte immer wieder auf unseren Planeten stürzen. Falls Asteroide oder Kometen, welche Durchmesser von ein paar Hundert Metern bis zu einigen Kilometern haben können, mit einer Geschwindigkeit von zehntausenden Kilometern pro Stunde ins Meer stürzen, hätte dies einen Tsunami kaum vorstellbaren Ausmaßes zur Folge.

2.3 Von Tsunamis besonders gefährdete Gebiete

Theoretisch können Tsunamis auf allen Meeren der Erde vorkommen, dennoch gibt es einige Gebiete, in denen vermehrt geologische Aktivitäten nachgewiesen werden können (siehe Abb. 7). Der pazifische Ozean mit dem *Circumpazifischen Feuergürtel* gehört zu diesen Gebieten. Bis heute ist dies der Ort mit den häufigsten Tsunamiregistrierungen. Das erklärt sich zum einen durch die Größe des Ozeans und zum anderen dadurch, dass sich die Pazifische Platte komplett im Meer befindet. Das hat zur Folge, dass alle Plattengrenzen im Meer liegen, was die Seebebenwahrscheinlichkeit sehr erhöht. Auch ein Beleg dafür ist, dass der größte Teil der Plattegrenzen konvergiert und dadurch Subduktionszonen entstehen (Lausch 2005).

Jedoch gibt es auch Gebiete, die aufgrund des Tiefseereliefs, welches die Richtung von Tsunamis beeinflussen kann, besonders oft von Tsunamis getroffen werden. Eines davon ist zum Beispiel Hilo, der Hauptort der Insel Hawaii. Hierher werden mehr Tsunamis gelenkt, als an jeden anderen Ort der Erde (Lausch 1997).

Der Sunda - Graben im Indischen Ozean ist momentan eines der gefährlichsten geologischen Gebiete. Jüngste Vorfälle und Berichte zeigen, dass diese Zone seit einigen Jahren sehr aktiv ist und sich dort deshalb eine Vielzahl von Naturkatastrophen ereignen.

Europa ist ebenfalls von Überschwemmungen durch Tsunamis bedroht. Auf der Kanaren-Insel La Palma droht bei einem großen Vulkanausbruch die Westflanke des Cumbre Vieja in einem Stück ins Meer zu rutschen. Auch in der Nordsee könnte aufgrund von Rutschungen an dem norwegischen Kontinentalabhang mit Tsunamis gerechnet werden. Sehr fatal jedoch sind die Flutwellen im Mittelmeer, da wegen der geringen Größe des Meeres und der Geschwindigkeit der Wogen, so gut wie keine Vorwarnzeit gegeben ist. Dort befindet sich ein Erdbebengebiet, das von der Subduktionszone der Afrikanischen und Eurasischen Platte ausgeht (Lausch 2005).

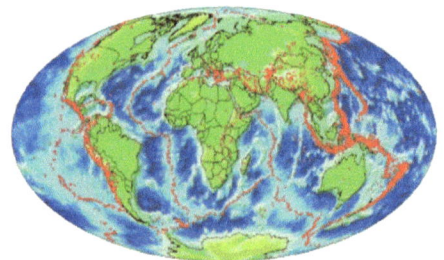

Abb. 7: Karte geologischer Aktivitäten

(http://www.tsunami-alarm-system.com/phenomonon-tsunam)

3. Große Tsunamis der jüngeren Geschichte

Seit Millionen von Jahren treten Flutwellen in Form von Tsunamis auf der Erde auf. Drei der für die Menschen der jüngeren Geschichte sehr verheerenden Flutkatastrophen sollen im folgenden Text näher erläutert werden, wobei die größte Aufmerksamkeit dem jüngsten Ereignis gewidmet wird.

3.1 Nach dem Erdbeben vor der Westküste Lissabons 1755

Am ersten November 1755 löste ein Erdbeben der Magnitude 8,5 auf der Richterskala die größte Tsunamikatastrophe in Europa aus. Das Epizentrum des Bebens lag 250 – 300 Kilometer südwestlich vor der Küste von Lissabon. Durch das etwa zehnminütige Beben, dem zwei Nachbeben folgten, konnten insgesamt drei Flutwellen beobachtet werden, deren Höhe entlang der Atlantikküste teilweise 10 – 30 Meter betrug. Im Tejo-Trichter, in den viele Bewohner Lissabons zum Schutz vor dem Erdbeben flüchteten und dort somit von den Wassermassen überrascht wurden, erreichten die Wellen Höhen von bis zu 15 Metern (Dikau & Weichselgartner 2005). Nicht nur Lissabon, sondern auch Càdiz wurde mit am schwersten getroffen. Sogar in Holland, England, auf Madeira und den Azoren, bis hin zu den kleinen Antillen richtete der Tsunami Schäden an. Insgesamt starben bei dieser Katastrophe über 60.000 Menschen (Lausch 1997).

3.2 Nach dem Vulkanausbruch auf Krakatau 1885

1883 explodierte in der Sunda - Straße zwischen Sumatra und Java der berühmte Vulkan Krakatau. Dabei wurden 20 Kubikkilometer glühendes Gestein ausgeworfen und Asche bis zu 40 Kilometer hoch in die Luft geschleudert. Dem zufolge wurden 165 Dörfer zerstört und 36.417 Menschen getötet. Allein durch die, dem Vulkanausbruch folgenden Tsunamis, starben mehr als 35.000 Menschen. Insgesamt konnten vier Wellen beobachtet werden, die die Küstengebiete von Sumatra und Java überfluteten. Über 40 Meter hoch reichten die Wogen in Merak auf Java, 36 Meter in Telukbetung auf Sumatra. Wie genau die Tsunamiwellen entstanden sind, kann man bis heute noch nicht genau sagen. Es besteht jedoch kein Zweifel daran, dass der Vulkanausbruch des Krakataus dafür verantwortlich ist. Um dieses Phänomen kann es verschiedene Ursachen, wie zum Beispiel das Miteinhergehen eines Erdbebens oder die gewaltigen Lavaströme, die ins Meer flossen, gegeben haben. Sicher ist jedoch, dass nach zahlreichen Explosionen die riesige, entleerte Magmenkammer einstürzte und dadurch eine Serie von Tsunamis auslöste (Winchester 2003).

Als Zeugnisse für die außerordentliche Wucht der Tsunamis von Krakatau, wird oftmals ein 600 Tonnen schwerer und sechs Meter hoher Korallenblock zitiert, der durch die Gewalt der Wogen vom Meeresboden weggerissen und 100 Meter weit ins Land transportiert wurde. Auf die gleiche Weise wurde ein holländisches Kanonenboot 2,5 Kilometer weit ins Landesinnere getragen, dessen Besatzung aufs offene Meer hinausgespült wurde (Lausch 1997).

3.3 Nach dem Erdbeben im Indischen Ozean 2004

Am Sonntag, den 26.12.2004 ereignete sich um 7.58.53 Uhr Ortszeit (1.58.53 Uhr MEZ) im *Sunda - Graben*, einem Tiefseegraben bis zu 7.500 Meter unter NN, ein Seebeben. Das Hypozentrum des Bebens lag bei 3,3°N, 95,8°O in 10 Kilometer Tiefe, etwa 100 Kilometer vor der Nordwestekküste von Sumatra entfernt. An dieser Stelle schiebt sich die Indische und Australische Platte unter die Birma Mikroplatte, welche der Eurasischen Platte vorgelagert ist. Dabei löste sich an jenem Tag eine aufgebaute Spannung ruckartig, die eine Energie, vergleichbar mit der Sprengkraft von 32.000 Hiroshima Bomben, auf einer Länge von 1.200 Kilometer unterhalb des Indischen Ozeans freisetzte. Dabei stieß das Beben den Meeresgrund um bis zu fünf Meter empor und senkte gleichzeitig andere Teile des Bodens in unmittelbarer Nähe ab. Durch die Verformung des Bodens wurden auch Inseln vor der Westküste Sumatras um einige Meter in Richtung Südwesten verschoben. Die Erde bebte mit der Stärke neun auf der Richterskala 400 Sekunden lang. Somit war es das stärkste Beben der letzten 40 Jahre und das Viertstärkste jemals gemessene. Durch den Versatz des Meeresbodens wurde ein Tsunami ausgelöst, der sich in Form von vier - anfangs nur wenige Minuten aufeinander folgenden - Wellenbergen Richtung Westen und Osten ausbreitete (siehe Abb. 9). Die beiden letzten Wellen waren jedoch nicht mehr so gewaltig und verliefen sich weitgehend im Meer. Die beiden Ersteren konnten jedoch über einen Zeitraum von mehr als acht Stunden beobachtet werden, hatten eine Länge von bis zu 200 Kilometer und lösten eine Katastrophe an den Küstengebieten des Indischen Ozeans aus. Sie bewegten sich mit einer Geschwindigkeit von bis zu 800 km/h durch den Ozean und erreichten an den Ufern eine Höhe von bis zu 20 Meter. Auf hoher See jedoch konnte der Tsunami kaum bemerkt werden, da dort die Wellenhöhe lediglich bei einem Meter lag. Insgesamt waren von der Woge am 26.12.2004 acht asiatische Länder (Indonesien, Malaysia, Thailand, Myanmar, Bangladesch, Indien, Sri Lanka und die Malediven) und fünf afrikanische (Somalia, Kenia, Tansania, Seychellen und Madagaskar) Länder direktbetroffen (Rademacher 2005).

Ca. 15 Minuten nach dem Seebeben erreichte die erste Welle die Provinz Aceh im Norden von Sumatra (siehe Abb. 8). Alle drei Städte (Banda Aceh, Keude Teunom und Meulabon), die an der Westküste Sumatras liegen, wurden dabei zerstört. Allein in dieser Provinz wurden durch den fast 20 Meter hohen Tsunami mehr als 200.000 Menschen getötet. Insgesamt starben in Indonesien über 240.000 Menschen, mehr als 400.000 Menschen wurden obdachlos und es entstand ein geschätzter Schaden von über 4,5 Milliarden Dollar. Auch die ökologischen Schäden waren gravierend: mehr als 25.000 Hektar Mangrovenwälder, 32.000 Hektar Korallenriffe und 120 Hektar Seegraswiesen wurden zerstört.

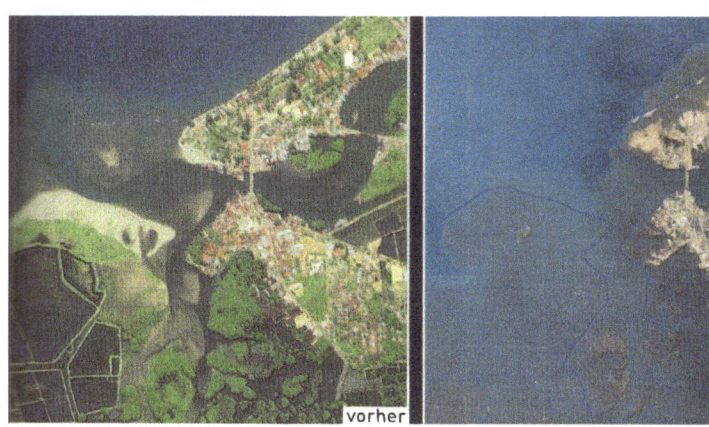

Abb. 8: Satellitenaufnahme der Provinz Banda Aceh im Nordwesten von Indonesien (vor und nach der Tsunamikatastrophe vom 26.12.2004) (Mischer 2005)

Als nächstes wurden die Inselgruppen der Andamanen und Nikobaren (indisches Unions-Territorium) im Golf von Bengalen etwa 35 Minuten nach dem Beben von den Flutwellen überrascht. Dabei starben mehr als 7.500 Menschen. Hierbei wurden die bis 150 Kilometer an die Nordspitze Sumatras heranreichenden Nikobaren wesentlich stärker getroffen als die noch weiter nördlich gelegenen Andamanen.

Um ca. 3.45 Uhr MEZ traf die Woge auf die Ostküste von Sri Lanka. Ungefähr zwei Drittel der Küste von Sri Lanka wurden überflutet. Teilweise drang das Wasser bis zu drei Kilometer weit ins Landesinnere vor. Neben Indonesien zählte die Insel Sri Lanka zu den am stärksten betroffen Gebieten. Alleine hier kamen über 36.000 Menschen ums Leben, beinahe 15.000 wurden verletzt, mehr als 500.000 wurden obdachlos und auf über eine Milliarde Dollar wurde der Schaden von Experten beziffert. Das Unglück geschah während der Hauptsaison für Urlauber und viele küstennahe Urlaubsgebiete wurden geflutet. Deshalb zählten zu den Opfern auch zahlreiche Touristen.

Doch die meisten Touristen fielen dem Tsunami in Thailand zum Opfer. Alleine hier befanden sich unter den 8.500 Toten mehr als 2.400 Ausländer aus über 30 Nationen. Innerhalb etwa einer halben Stunde verwüstete der Tsunami den Südwesten Thailands mit zahlreichen vorgelagerten Inseln, darunter auch beliebte Urlaubsziele wie Ko Phuket und Ko Pi Pi. Ein über 150 Kilometer langer Küstenstreifen wurde zerstört. Am schlimmsten beschädigt wurde die Provinz Phang Nga. Dort allein starben fast 6.000 Menschen. Obwohl Thailand 800 Kilometer näher am Epizentrum des Bebens lag als Sri Lanka, erreichte der Tsunami Sri Lanka zuerst, da das Wasser westlich des Epizentrums wesentlich tiefer ist als östlich davon.

Die geringere Wassertiefe bremste die Wellen ab, da ein Tsunami im Gegensatz zu z. B. durch Stürme entstandene Wellen, die gesamte Wassersäule erfasst und nicht nur den oberen Teil bis zu einer bestimmten Tiefe (Allmann & Smolka 2005).

Abb. 9: Verlauf des Tsunamis vom 26.12.2004 (Smolka & Spranger 2005)

Knapp drei Stunden benötigte die Welle für den Weg vom Epizentrum bis zur Südenspize Indiens. Dort verloren inklusive der beiden Inselgruppen (Nikobaren und Andamanen) über 16.000 Menschen ihr Leben. Dabei wurden kleine und flache Inseln regelrecht überrollt und werden möglicherweise für immer unter der Wasseroberfläche verschwunden sein. Auch hier waren die ökologischen sowie ökonomischen Schäden fatal: 22.000 Küstenkilometer sowie etliche Mangrovenwälder und Korallenriffe wurden zerstört, 10.000 Rinder ertranken, 12.000 Hektar Nutzfläche gingen verloren und ungefähr 74.000 Fischerboote wurden beschädigt.

Auch die weiter westlich gelegenen Malediven blieben von der Katastrophe nicht verschont. Auf der nur ungefähr anderthalb Meter über dem Meeresspiegel liegende Inselgruppe starben 109 Menschen. Fast 10 Prozent der 199 bewohnten Inseln wurden vollständig zerstört und die Hauptinsel Male wurde zu drei Vierteln überschwemmt. Der wirtschaftliche Schaden war enorm, da etliche Luxushotels zerstört und zahlreiche Häuser einfach mit ins Meer gerissen wurden.

Aufgrund ihrer geographischen Lage wurden Malaysia, Myanmar und Bangladesch nicht mehr mit der vollen Wucht des Tsunamis getroffen. Trotzdem wurden in Malaysia 74, in Myanmar 60 und in Bangladesch zwei Todesopfer gemeldet.

Nach ca. 6,5 Stunden erreichte die Woge nun auch den westlichen Teil des Indischen Ozeans und hat rund 4.500 Kilometer entfernt vom Epizentrum immer noch eine Höhe von etwa einem Meter. Dabei starben auf den Seychellen drei Menschen. Auf Madagaskar dagegen gibt es keine menschlichen Verluste, lediglich ein Teil der Ostküste wurde von der Wucht der Welle verwüstet. Rund anderthalb Stunden später und 500 Kilometer westlicher, im östlichen Teil des afrikanischen Kontinents, wurde Somalia ohne Vorwarnungen von dem Tsunami überrascht. Weitere 150 Menschen fielen hier den Wassermassen zum Opfer und mehr als 4.000 wurden obdachlos. Kenia und Tansania dagegen wurden rechtzeitig gewarnt und konnten binnen 30 Minuten ihre Strände erfolgreich sperren. Folglich gab es in Kenia nur ein und in Tansania 10 Todesopfer (Mischer 2005).

Insgesamt riss der Tsunami an dem von Überlebenden als „schwarzer Sonntag" bezeichneten Tag über 300.000 Menschen in den Tod und verwüstete die Küsten von 13 Ländern. Die materiellen Schäden wurden im Februar 2005 auf etwa 10 Milliarden US Dollar geschätzt (Smolka & Spranger 2005). Ökonomisch hingegen wurde zum Beispiel Indonesien, trotz einer hohen Zahl an Todesopfern, relativ schwach getroffen. Der Schaden jedoch für Sri Lanka oder die Malediven ist weitaus größer, da dort dem Tourismus sehr geschädigt wurde, welcher in ihrer Wirtschaft ein wichtiger Faktor ist (Smolka & Spranger 2005). Nachträglich muss auch sicher die Frage gestellt werden, in wie weit diese Katastrophe hätte verhindert werden können, indem die Länder vor dem Tsunami gewarnt worden wären. Schließlich vergingen ungefähr acht Stunden vom Erdbeben bis hin zur Überflutung in Somalia.

4. Auswirkungen von Tsunamis

Das Ausmaß der Schäden, die ein Tsunami anrichten kann, ist zum einen abhängig von der Wellenlänge und zum anderen von der Wellenhöhe mit der er die Küstengebiete erreicht. Während die Wellenlänge hauptsächlich für die Zerstörung unterhalb der Wasseroberfläche verantwortlich ist, ist die Wellenhöhe beim Eintreffen an das Ufer entscheidend für die Auswirkungen auf die Landflächen. In beiden geographischen Gebieten entstehen wirtschaftliche und ökologische Folgen, deren Verhältnis zueinander jedoch verschieden ist.

4.1 Auf das litorale Ökosystem

Beim Auftreffen eines Tsunamis auf das Festland muss berücksichtigt werden, dass je höher die Welle und folglich also je höher die Energie ist, die das Wasser mit sich bringt, desto höher fällt meistens der Schaden aus. Demzufolge machen sich bei dieser Art von Flutwellen die größten ökologischen sowie wirtschaftlichen Schäden entlang der betroffenen Küstenregionen bemerkbar. Als Ursache dafür spielt nicht nur die Eindringtiefe eines Tsunamis in das Festland und dessen Höhe am Ufer eine große Rolle, sondern auch das zurückweichende Wasser, das einen gewaltigen Sog zurück ins Meer bildet (Allmann & Smolka 2005). Menschen und Tiere sind den Wassermassen hilflos ausgeliefert, zumal sie oft von ihnen überrascht werden. Auch die Vegetation ist nahezu chancenlos der Naturgewalt ausgesetzt. So werden zum Beispiel Palmen einfach entwurzelt oder ganze Mangrovenwälder mitgerissen (Mischer 2005). Mit dem Aufprall der Wogen wird alles zerstört, was den enormen Energien nicht standhalten kann (siehe Abb. 10). Dazu gehören auch Boote, Pkws und sogar Gebäude. Innerhalb eines Überschwemmungsgebietes entstehen bei Bachmündungen sehr hohe Strömungsgeschwindigkeiten, die ein katastrophales Bild der Verwüstung anrichten können (Allmann & Smolka 2005). Durch alles Fortgespülte entstehen ganze Schuttfluten, welche durch die betroffenen Gebiete treiben und sie verunreinigen. Dabei werden auch verschiedene chemische Substanzen sowie Leichen oder Kadaver aufgenommen. Diese geben bei der Absickerung des Wassers schädliche Stoffe an den Boden oder auch an das Grundwasser ab. Dies hat oftmals die Verpestung ganzer Landstriche zur Folge und die Verbreitung von Seuchen wird begünstigt. Da das Wasser nicht selten bis zu einigen Kilometern ins Landesinnere hineinreichen kann, werden Agrarflächen vom Meerwasser versalzen, der Boden verschlammt und wird oftmals von mittransportiertem Sand überdeckt. Demnach werden Ackerflächen über Jahre hinweg unbrauchbar gemacht (Mischer 2005). Neben derartigen wirtschaftlichen Schäden, leiden sowohl die Tourismusbranche, deren Anlagen stets sehr nah am Meer gebaut werden, als auch das Fischereigewerbe am meisten unter den Folgen eines Tsunamis (Smolka & Spranger 2005).

Aufgrund der hohen Bandbreite an Schäden und deren Ausmaß, kann man die Küstengebiete als am stärksten von den Auswirkungen der Flutwellen betroffenen Regionen betrachten. Dabei überdecken in der Öffentlichkeit häufig die finanziellen Verluste die Spuren, welche die Katastrophe in der Natur hinterlässt.

Abb. 10: Meulaboh, Indonesien: Nach dem Tsunami blieb als einziges Gebäude nur die Moschee stehen (Rademacher 2005)

4.2 Auf das maritime Ökosystem

Die langperiodischen Wellen haben nicht nur Folgen für das Festland, sondern wirken sich auch beträchtlich auf das Ökosystem Meer aus. Obwohl man auf der Meeresoberfläche kaum etwas bemerken kann, richten die Wogen mit ihren hohen Geschwindigkeiten unter Wasser hohen Schaden an. Dort wird die Tiefenwirkung der Wellen samt ihrer Kraft sichtbar, indem das Unterwasserrelief durch Abtragung und Transport komplett verändert werden kann. Korallenriffe können durch die Strömung zerstört (siehe Abb. 11) und von Sandschichten überdeckt werden. Dies zieht auch

Jahrzehnte lange wirtschaftliche Verluste nach sich, da Korallenriffe als die beliebtesten Taucherziele gelten und so wiederum den Tourismus beeinflussen. Sehr leicht können auch Seegrasfelder vernichtet werden, die für eine Vielzahl von Meeresbewohnern sowohl Lebensraum, als auch wichtige Nahrungsquelle darstellen (Mischer 2005). Nicht allein letzteres ist ein Grund dafür, wie ein Tsunami den Lebewesen des Meeres schaden kann. Auch Tiefseefische werden durch die Strömung aus ihrem ursprünglichen Lebensraum gerissen und bis ans Land gespült (Gierloff - Emden 1980). Die meisten Fische oder Meerestiere sterben auf diese Weise, was unter anderem ein Grund für die enormen Schäden der Fischer ist. Mit dem Rückzug des Wassers vom Land aufs Meer, werden große Mengen an Schutt und Müll sowie Verunreinigungen mit transportiert, was zu einer Verschmutzung der Ozeane führt (Mischer 2005).

Auf den Wasserflächen sind die ökonomischen Schäden nicht so hoch, wie an den Küsten. Es sind viel mehr die Fauna und Flora betroffen. Langzeitlich kann das jedoch als schlimmer betrachtet werden, da sich die Natur nur schwerfällig von derartigen Ereignissen erholt, während materielle Schäden schnell beseitigt werden können.

Abb. 11: Durch einen Tsunami zerstörtes Korallenriff
(www.zdf.de/inhalt/3/0.1872.2277251.00htm)

5. Vorsorge gegenüber Tsunamis

Wie auch bei anderen Naturkatastrophen, hat der Mensch Methoden entwickelt um sich vor der Zerstörung von Tsunamis zu schützen. Die frühzeitige Erkennung von Flutwellen sowohl Schutzmaßnahmen dagegen, können dabei oft große Erfolge aufweisen.

5.1 Einsatz und Ausbau von Frühwarnsystemen

Die Früherkennung stellt den wohl wichtigsten Punkt der Vorsorge dar, da dadurch die betroffenen Gebiete oftmals schon binnen 30 Minuten evakuiert werden können und somit meist nur ein geringes Ausmaß an Personenschäden verursacht wird.

Erste Anzeichen für eine hereinbrechende Flut können schon aus der Natur abgelesen werden. So wurde zum Beispiel vor dem Tsunami vom 26. Dezember 2004 in Südostasien beobachtet, wie sich Tiere vom Ufer weg ins Landesinnere flüchteten, Vögel aufhörten zu zwitschern oder Hunde plötzlich anfingen laut und unaufhörlich zu bellen. Außerdem hat sich das Meer an einigen Stellen bis zu mehreren hundert Metern zurückgezogen, was mit der Bewegung der Welle zusammenhängt (Lausch 2005).

5.1.1 PTWC

Neben den natürlichen Zeichen der Natur, die leicht fehl interpretiert werden können, hat der Mensch eigene Systeme entwickelt, um die Welle rechtzeitig zu erkennen. Da die häufigste Ursache von Tsunamis Erdbeben darstellen, eilt oftmals eine Erschütterung der Erde den Wogen voraus. Sie breitet sich mit einer Geschwindigkeit von bis zu 25.000 km/h aus und ist somit zehn bis zwanzig mal schneller als die eine Tsunamiwelle. Die dabei ausgelösten seismischen Wellen werden von Seismographen früh zeitig aufgezeichnet und an wissenschaftliche Einrichtungen weitergeben. Ein Erdbeben kann demnach je nach Entfernung des Beobachters vom Epizentrum Minuten oder sogar Stunden vor einem Tsunami gemessen werden. Die größte der Einrichtungen für die Früherkennung bevorstehender Tsunamikatastrophen ist das PTWC (*Pacific Tsunami Warning Center*). Es wurde 1945 von US-Regierung gegründet, nachdem eine Flutwelle die Küste von Hawaii getroffen hatte, um die US-amerikanischen Staaten zu schützen. Das PTWC wird durch den nationalen Wetterdienst der USA betrieben. Seit 1965 werden über die Zentralstelle in Honolulu auch viele andere Warnsysteme der Anrainerstaaten des Pazifiks koordiniert. Auf diese Weise sind insgesamt 26 Nationen miteinander vernetzt. Bis 2005 konnten dadurch 80-90 Prozent der Tsunamis registriert werden.

Jedes Erdbeben auf der Erdkugel wird mittels Messwerten von Seismographen der ganzen Welt binnen Minuten im PTWC aufgezeichnet. Außerdem gehören über 100 im Pazifik verteilte Messbojen, die Wellenhöhen und andere Daten nach Hawaii senden, und sechs jeweils 250.000 Dollar teure *Tsunameter* zum Warnsystem im Pazifik (siehe Abb. 12). *Tsunameter* sind am Tiefseegrund angebrachte Sensoren, die ihre Messwerte an die über ihnen schwimmende Sendeboje weitergeben. Von dort aus werden die Daten via Satellit nach Hawaii übermittelt. Aufgrund von sorgfältigen Analysen und Computersimulationen unter Berücksichtigung von Stärke des Bebens, Erdbewegung und der Beschaffenheit des Meeresbodens, ermitteln die Wissenschaftler des PTWC die Wahrscheinlichkeit der Entstehung eines Tsunamis. Besteht danach eine Gefahr für Küstengebiete, werden die bedrohten Staaten über Internet, Telefon, Fax und Telex alarmiert, um die Bevölkerung rechtzeitig darüber informieren zu können.

Ziel des PTWC ist es, nach dem Auslösen einer Riesenwelle möglichst schnell Alarm zu geben, so dass sich die Menschen an allen Ufern des Pazifiks in Sicherheit bringen können. Hierbei handelt es sich um ein Schadensbegrenzungssystem, das sich mittlerweile seit über vier Jahrzehnten im stillen Ozean bewährt hat (Lausch 2005).

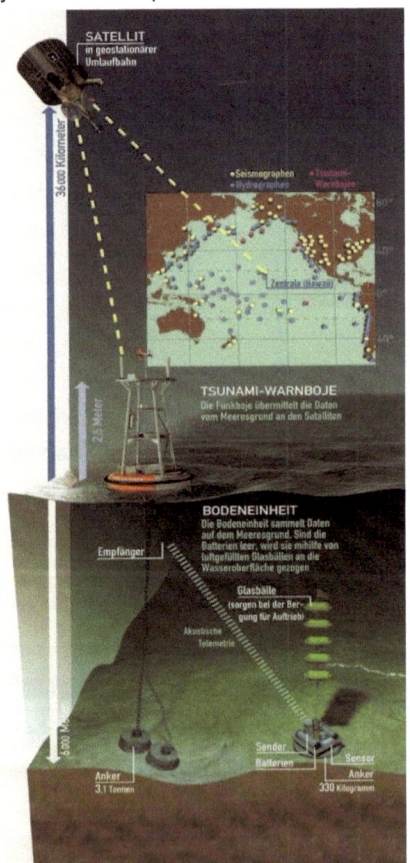

Abb. 12: Funktionsweise und Einsatzgebiet des PTWCs (Lausch 2005)

5.1.2 TEWS

Seit Anfang November 2005 wird im seismisch aktiven *Sunda - Bogen*, einem Tiefseegraben der sich in unmittelbarer Nähe zu Indonesien befindet, das TEWS (*Tsunami Early Warning System*) installiert. Das unter deutscher Beteiligung entstehende Frühwarnsystem soll nach einer Installationszeit von ein bis drei Jahren die Menschen in Indonesien vor Naturkatastrophen wie Tsunamis, Erdbeben und Vulkanausbrüchen schützen. Entwickelt wurde das TEWS von dem Geoforschungszentrum Potsdam (GFZ) gemeinsam mit 20 nationalen und internationalen Partnerorganisationen. Es soll so offen und dezentral aufgebaut werden, so dass jederzeit eine Verknüpfung mit anderen regionalen Systemen möglich ist. Der Schwerpunkt des Systems liegt auf der Verkürzung der Vorwarnzeit durch die Erweiterung eines Erdbebenmonitoring - Systems. Auf der Basis des seismologischem Forschungsnetzes *GEOFON* der GFZ, wird es möglich sein innerhalb von 13 Minuten nach dem Ereignis, Lagezentren, seismologische Institutionen und Medien automatisch zu warnen. Dafür werden seit dem 15. November 2005 von dem deutschen Forschungsschiff *SONNE* 25 Messpunktstationen im Indischen Ozean errichtet. GPS - gesteuerte Messbojen und Druckpegelmessgeräte am Meeresgrund zur Erkennung von Wellen, sind die Kernstücke des Frühwarnsystems. Auch bereits vorhandene Einrichtungen werden in das System mit integriert. Die Einrichtung der Satellitenkommunikation und die Schulung von Experten, Verantwortlichen und der Bevölkerung vor Ort sind ebenfalls wesentliche Bestandteile, die für den Erfolg eines Frühwarnsystems nötig sind. Zur Entwicklung neuer Technologien, wie zum Beispiel den Ausbau eines permanenten Deformations-Überwachungssystems auf der Grundlage von satellitenbasierter Radarinterferometrie, wird hier die Forschung in besonderem Ausmaße unterstützt. Das TEWS hat einen Gesamtwert von 45 Millionen Euro und wird Indonesien im Rahmen der Tsunami - Hilfe der Bundesregierung zur Verfügung gestellt. Auch Anrainerstaaten Indonesiens, wie beispielsweise Malaysia oder Sri Lanka, interessieren sich bereits für eine Miteinbindung in das Frühwarnsystem (http://www.bmbf.de/de/4958.php).

5.2 Schutzmaßnahmen zur Katastrophenabwendung

Neben den Frühwarnsystemen bieten sowohl natürliche Ökosysteme, als auch menschliche Erfindungen und Konstruktionen Schutz vor dem Aufprall von Tsunamis. Vor allem Mangrovenwälder und Korallenriffe haben eine Art natürliche Barrierefunktion gegen Überflutungen. Auf diese Weise wirken zum Beispiel Korallenriffe als natürliche Wellenbrecher und Mangrovenwälder hemmen die Küstenerosion und dienen auf diese Weise als zweiter Puffer für das Landesinnere (http://www.bmbf.de/de/4852.php).

Im Zusammenhang mit städte- und landschaftsbaulichen Maßnahmen, sollen anschließend vier der wichtigsten Vorkehrungen gegen Tsunamis genannt werden.

5.2.1 Aufbau von Betonmauern

Betonmauern bilden zum Beispiel in Japan einen großen Anteil an den Schutzprogrammen für Küstengebiete. Sie werden 5 – 10 Meter hoch entlang von gefährdeten Küstenstreifen vor Siedlungen, Ackerland oder Waldflächen, gebaut (siehe Abb. 13). Obwohl diese Trennungslinien zwischen Land und Meer die dahinter liegenden Flächen vor der Verwüstung durch einen Tsunamis schützen, sind sie für die Bevölkerung nicht ganz unproblematisch, da sie die Küstenbewohner vom Meer abgrenzen und somit ein Stück Lebensqualität für sie verloren geht. Dabei stellen die Mauern ein störendes optisches Element dar, das zum Beispiel nur eine erschwerte Erschließung von Küstengebieten für den Fremdenverkehr ermöglicht. Auch Fischer, die zuvor ihre Boot lediglich den Strand hinaufziehen mussten, müssen nun einen mühsamen Transport über speziell angefertigte Rampen wählen (Hohn, A. & Hohn, U. 1990).

Abb. 13: Tsunamischutzmauer in Japan (www.unisdr.org)

5.2.2 Aufforstung von Schutzwaldstreifen

Wie unter Punkt 5.2. schon erwähnt können natürliche Ökosysteme eine Wellenbrecher Funktion einnehmen. Daher werden zum Beispiel an der Riasküste von Sanriku (NO - Japan), Kiefernwälder entlang der Schutzmauern in Form eines Waldstreifens aufgeforstet. Auf diese Weise sollen oft an beiden Seiten der Mauern (sowohl der dem Meer zugewandten, als auch der ihm abgewandten Seite) so genannte „Schutzwaldstreifen" die Gefahr vor Tsunamis hemmen, wobei den vorgelagerten Wald häufig eine zweite niedrigere Mauer schützt (Hohn, A. & Hohn, U. 1990).

5.2.3 Errichtung künstlicher Wellenbrecher

Eine sehr kostenintensive Form des Schutzes stellt die Einrichtung künstlicher Wellenbrecher dar, die auch ein gewaltiges Bauvolumen mit sich bringt. In Japan wurden zum Beispiel in einigen gefährdeten Buchten Wellenbrecher gebaut, die diese förmlich abschließen. Sie ragen über fünf Meter aus dem Wasser und deren Spitzen können eine Breite von 12 – 14 Meter überschreiten (Hohn, A. & Hohn, U. 1990). Nicht nur in den Buchten, sondern auch an der Küste dienen verschiedene Formen von Betonbauten wie Tetrapoden (siehe Abb. 14), an die sich die Mauern landeinwärts anschließen, als Hindernisse für anrauschende Wellen. So schützen zehntausende von Tetrapoden ein Küstengebiet 50 Kilometer südlich von Yokohama, deren Preis pro Stück über 7.500 € liegt (Dikau & Weichselgartner 2005).

Abb. 14: Wellenbrecher in Form von Betontetrapoden an einer japanischen Küste 50 Kilometer südlich von Yokohama (Dikau & Weichselgartner 2005)

5.2.4 Städtebauliche Maßnahmen

Falls die bis dahin genannten Schutzmaßnahmen dennoch einen Tsunami nicht aufhalten können, werden bedrohte Städte so gebaut oder gegebenenfalls so umstrukturiert, dass er möglichst wenig Schaden anrichten kann. Je nach Finanzkraft der Stadt oder deren Bewohner unterscheiden sich die Vorkehrungen. Teilweise werden ganze Hausparzellen durch Bodenauffüllung angehoben oder gefährdete Siedlungen aufgegeben und in zuvor terrassierten, höheren Hangbereichen neu aufgebaut. Hauptstraßen werden begradigt und verbreitert, um die Flucht aus den tiefer gelegenen Stadtteilen zu erleichtern. Des Weiteren werden zusätzliche Entwässerungsgräben gebaut und über dem jeweiligen Straßenniveau weitere Fluchtwege angelegt. Bauauflagen wie zum Beispiel die Errichtung aller Gebäude eines ausgewiesenen Schutzgebietes aus Betonblöcken, bewirken eine größere Stabilität gegenüber erhöhtem Wasserdruck. Außerdem sorgen am Strand angebrachte Sirenen für Alarm, falls sich ein Tsunami auf den Weg zur Küste befindet (Hohn, A. & Hohn, U. 1990). Letztendlich sollen auch neue Bebauungsplanungen in Tsunami - Gefahrenzonen vermieden werden, um zukünftige Schäden zu verringern (Dikau & Weichselgartner 2005).

6. Katastrophenmanagement und Katastrophenbewältigung

Neben den bereits unter Punkt 5. besprochenen Frühwarnsystemen und Schutzmaßnahmen gehören zahlreiche weitere Maßnahmen zu einem erfolgreichen, integralen Risikomanagement. Dieses muss, an die lokale, soziale und ökonomische Situation angepasste Strategien und Maßnahmen entwickeln, welche die Folgen einer Flutkatastrophe abmildern oder verhindern. Entscheidend dabei ist, dass die Katastrophenvorsorge in lokalen Gemeinden verankert ist und die Eigeninitiative und Selbsthilfekraft ihrer Mitglieder gestärkt und entwickelt werden (Dikau & Weichselgartner 2005). Um das zu verstärken, finden zum Beispiel in gefährdeten Gemeinden Japans jährlich spezielle Tsunami - Erinnerungstage statt, an denen sowohl das Verhalten der Bevölkerung im Ernstfall trainiert wird, als auch Evakuierungspläne vorgestellt werden (Hohn, A. & Hohn, U. 1990). Dadurch muss gesichert sein, dass eine Warnung auch die Bevölkerung erreicht und dass die Menschen wissen, wie zu handeln ist. Unumgänglich dabei ist, dass auch Touristen vorbeugend mit ausreichenden Informationen versorgt werden

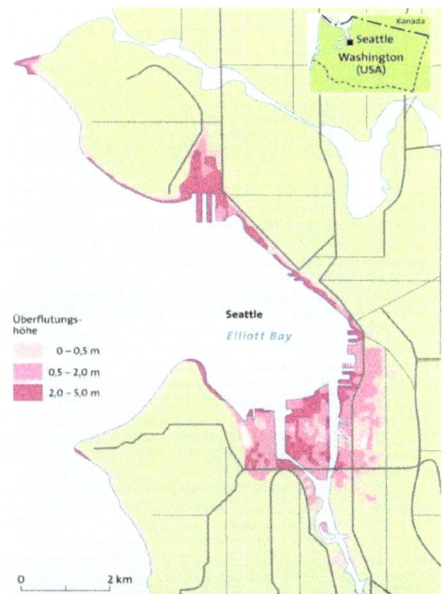

Abb.15: Tsunami – Gefahrenkarte für Seattle; Dargestellt sind drei verschiedene Überflutungsklassen bis zu einer maximalen Wellenhöhe von fünf Metern
(Dikau & Weichselgartner 2005)

Ein weiterer wichtiger Teil des Katastrophenmanagements ist die Ausweisung von Gefahrenzonen, die aufgrund von Risikoanalysen und – bewertungen festgelegt werden (siehe Abb. 15). Derartige Gefahrenkarten geben an, wo ein Tsunami, einer bestimmten Größe, einen bestimmten Küstenausschnitt voraussichtlich treffen wird. Für ihre Entwicklung sind zahlreiche Informationen wie zum Beispiel mögliche Tsunami - Quellen, Wahrscheinlichkeit ihres Auftretens, Eigenschaften der davon ausgehenden Tsunamis und historische Quellen oder Zeugnisse der Tsunamientstehung und Tsunamifolgen, notwendig. Eine andere Art der Gefahrenbewertung ist die numerische

Modellierung der Tsunamiwellen und die Ausweisung von Überflutungsflächen. Auch das ITIC (International Tsunami Information Center), das 1968 in Honolulu auf Hawaii gegründet wurde, trägt zum Katastrophenmanagement bei, indem es alle Informationen über internationale Warnaktivitäten des Pazifiks sammelt und aufzeichnet. Die gesammelten Daten werden von ihm verwendet, um alle pazifischen Staaten in Sachen Frühwarnung und andere Belange der Katastrophenvorsorge beraten zu können. Von verschiedenen Ländern werden ebenso nationale Katastrophenvorsorgeprogramme entwickelt, um sich auf eine eventuelle Katastrophe so gut wie möglich vorzubereiten. Ein Beispiel dafür ist das Nationale Tsunami - Katastrophenvorsorge - Programm (*National Tsnami Hazard Mitigation Program*) der USA, das von mehreren wissenschaftlichen Organisationen und Bundesstaaten getragen wird. Im Rahmen des Programms werden seit mehreren Jahren Richtlinien für die fünf gefährdeten Bundesstaate Alaska, Washington, Oregon, Kalifornien und Hawaii bestimmt (Dikau & Weichselgartner 2005).

Zur Katastrophenbewältigung werden, nach einem Hilferuf eines von einer Katastrophe betroffenen Landes, Mitarbeiter des UN- Koordinationsbüros für humanitäre Hilfe (OCHA) als erste in das Katastrophengebiet geschickt, um frühe Analysen durchzuführen. Sie müssen vor Ort beurteilen, wie groß der Schaden ist, welche Hilfsmittel gebraucht werden und wer helfen kann. Dazu werden verschiedene Hilfsorganisationen aus den unterschiedlichsten Ländern organisiert und koordiniert (Böhm 2005). Zu beginn müssen alle Überlebenden und Verletzten versorgt werden. Unterdessen werden schnellst möglich die Leichen bestattet, um das Seuchenrisiko gering zu halten. Während die Spendengelder und staatlichen Unterstützungen verteilt werden, startet der Wiederaufbau der zerstörten Gebiete unter Berücksichtigung neuer, nicht tsunamigefährdeter Gebiete.

7. Fazit / Anthropogene Einflüsse

Tsunamis sind im Gegensatz zu manch anderen katastrophalen Ereignissen fast ausschließlich natürlichen Ursprungs. Nur in sehr seltenen und extremen Fällen werden sie vom Menschen ausgelöst. Dazu gehören zum Beispiel starke Sprengungen und Explosionen oder durch die Zerstörung von Vegetation ausgelöste Hangrutschungen.

Dagegen jedoch verstärken anthropogene Einflüsse vermehrt die Wirkung von Tsunamis. So wird zum Beispiel durch die Abholzung von Mangrovenwäldern und durch das Absterben von Korallenriffen eine wichtige Barriereschutzfunktion für angrenzende Küstengebiete genommen. Allgemein führt die zunehmende Bebauung entlang von Küsten, sei es durch Tourismus oder durch Fischindustrialisierung, dazu, die Schäden im Falle einer großen Flutwelle enorm sind. Die Verbreitung von Betonflächen zum Beispiel für den Straßenbau, erschwert nach einem Tsunamiunglück das Abfließen der Wassermassen. Da kaum mehr Vegetation vorhanden ist, die einen Teil davon aufnehmen würde, können bebaute Gebiete bis zu mehreren Tagen überschwemmt bleiben.

Unter anderem durch das katastrophale Flutereignis vom 24.12.2004 hat der Mensch seine Fehler erkannt und versucht sie zum Beispiel beim Wiederaufbau in Südost - Asien nicht wieder zu begehen. Dabei gilt die größte Aufmerksamkeit sowohl der Früherkennung als auch der Rekultivierung von Mangrovenwäldern. Trotz aller bis jetzt möglichen Schutzmaßnahmen, bleiben Tsunamis unvorhersehbar und ihre Gewalt kaum kontrollierbar. Diese Eigenschaften machen sie zu einer der gefährlichsten Bedrohungen für die Bewohner aller Küsten der Erde.

Quellenangaben

Literaturverzeichnis:

Dikau, R. & Weichselgartner, J. (2005): Der unruhige Planet – Der Mensch und die Naturgewalten.

Gierloff - Emden, H. G. (1980): Geographie des Meeres.

Kelletat, D. (1989): Physische Geographie der Meere.

Winchester, S. (2003): Krakatau.

Rademacher, C. (2005): Der Weg der Welle. In: GEOEPOCHE, Heft 16, S. 47-87.

Böhm, A. (2005): Nach der Flut. In: GEOEPOCHE, Heft 16, S. 88-115.

Lausch, E. (2005): Die Bilanz. In: GEOEPOCHE, Heft 16, S. 140-149.

Mischer, O. (2005): Der „schwarze Sonntag" und die Wochen danach. In: GEOEPOCHE, Heft16, S. 151-159.

Lausch, E. (1997): Tsunami. In: GEO, Heft 4, S. 74-88.

Smolka, A. & Spranger, M. (2005): Tsunamikatastrophe in Südasien. In: Münchner Rück: TopicsGeo – Jahresrückblick Naturkatastrophen 2004, S.26-31.

Allmann, A. & Smolka, A. (2005): Tsunamikatastrophe 2004 – Ergebnisse einer Schadensinspektion an der Westküste Thailands. In: Münchner Rück: Schadenspiegel – Themenheftwasser, S.18-23.

Müller, M. J. (2000): Naturkatastrophen als geophysikalische Vorgänge. In: Geographie Heute, Bd. 21, Heft 183, S.2-6.

Hohn, A. & Hohn, U. (1990): Schutzmaßnahmen gegen Tsunamis an der Sanriku-Küste. In Geographische Rundschau, Bd. 42, Heft 4, S. 216-220.

E – Books:

Maier, A. (2005): Tsunami - Die Definition.

Internetquellen:

www.zdf.de (Stand: 10.06.2006)

www.unidr.org (Stand: 31.05.2006)

www.tsunami-alarm-system.com (Stand: 31.05.2006)

www.bmbf.de (Stand: 10.06.2006)

www.wdr.de (Stand: 10.06.2006)

http://libizblog.files.wordpress.com (Stand: 21.01.2009)